藏在餐桌上的秘密

[美]安珀·斯托特◎著

[美]塔拉·苏尼尔·托马斯◎绘

赵渤婷◎译

U0376366

吉林科学技术出版社

Food Anatomy Activities for Kids
Copyright ©2021 by Rockridge Press, Emeryville, California
Illustrations ©2021 Tara Sunil Thomas
Author photo courtesy of Amy Nicole Photography
First Published in English by Rockridge Press, an imprint of Callisto Media,Inc.
Simplified Chinese Edition © Jilin Science and Technology Publishing House 2024
All Rights Reserved

吉林省版权局著作合同登记号：
图字 07-2022-0001

图书在版编目（CIP）数据

藏在餐桌上的秘密 / （美）安珀·斯托特著 ； 赵渤
婷译. -- 长春 ： 吉林科学技术出版社，2024.9
（图解万物系列 / 赵渤婷主编）
ISBN 978-7-5744-1072-5

Ⅰ. ①藏… Ⅱ. ①安… ②赵… Ⅲ. ①食品—儿童读
物 Ⅳ. ①TS2-49

中国国家版本馆CIP数据核字(2024)第054611号

图解万物系列 藏在餐桌上的秘密
TUJIE WANWU XILIE CANGZAI CANZHUO SHANG DE MIMI

著　　者	[美]安珀·斯托特	开　本	20
绘　　者	[美]塔拉·苏尼尔·托马斯	印　张	5
译　　者	赵渤婷	页　数	100
出 版 人	宛　霞	字　数	85千字
责任编辑	赵渤婷	印　数	1-5 000册
封面设计	长春市吾擅文化传媒有限公司	版　次	2024年9月第1版
制　　版	云尚图文工作室	印　次	2024年9月第1次印刷
幅面尺寸	212 mm×227 mm		

出　　版　吉林科学技术出版社
发　　行　吉林科学技术出版社
地　　址　长春市福祉大路5788号
邮　　编　130118
发行部电话/传真　0431-81629529　81629530　81629531
　　　　　　　　　81629532　81629533　81629534
储运部电话　0431-86059116
编辑部电话　0431-81629520
印　　刷　长春新华印刷集团有限公司

书　　号　ISBN 978-7-5744-1072-5
定　　价　39.80元

目　录

学习知识，了解食物！

进食对我们的身体至关重要，食物让我们的嘴巴愉悦，让我们的肚子饱足，并给我们提供能量，让我们开开心心玩耍、认认真真学习。但食物的功能远不止这些！食物有各种不同的风味，还蕴含着丰富的历史、科学和文化知识。

给我们提供营养的食物，有时要经过很远的距离才能抵达我们的餐桌。有些食物可能通过卡车从农场运到当地的杂货店，还有些食物则要通过空运和海运，翻山越岭、漂洋过海。

人类进入"农业社会"之前，我们的祖先采用狩猎采集的生活模式，在原始广袤的大自然中采摘水果、蔬菜和坚果。进入"农业社会"后，人们不再需要寻找食物了。人们可以留在原居住地，建造城镇，自学如何利用种子重新培植植物，然后学习如何使用这些植物制作食物。

随着社会的进步，人们学会了如何储存食物，因此在冬天也能吃到不同种类的食物。人们掌握了发酵工艺，利用有益菌和盐等改变食物的味道，比如将白菜泡在水里并加盐，变成酸菜；学会了腌制工艺，延长食物的保质期；还学会了把新鲜牛奶变成奶酪，收集和保存鸡蛋。

食物与科学密切相关。例如，你知道加入盐制作冰淇淋会更容易成形吗？加入不同的调味料可以将日常食物变成可口的菜肴。

食物还可以传播文化。本书所述的食物来自世界各地，品类繁多。你知道吗？肉桂来自中国，现在热带及亚热带地区均有种植；而仙人掌是墨西哥等干燥地区的常见食材。这本书会介绍一些趣味知识，并帮助你发现全球美食，如德国的面疙瘩、意大利的冰淇淋和中国的腌蛋黄。

通过了解食物来了解世界！

读者须知

　　小朋友们准备好成为一名食品科学家了吗！本书分门别类，每章都会介绍某一类食物。你可以卷起袖子，亲手完成一项有趣的课外实践活动。同时，你需要在日记中做笔记，记录学到的内容。意外收获就是边吃边学！

课　程

　　本书分为 20 节课，先介绍早在人们进入"农业社会"之前一直食用的食物，即水果、坚果和蔬菜；然后介绍在人们学会耕种后日益普及的食物，如大米、面条和面包等；介绍通过脱水、腌制和发酵等技术储存食品；介绍人们如何利用食品科学制作黄油、奶酪和酸奶等；最后介绍甜品，让你了解人们如何利用糖制作蛋糕、巧克力、冰淇淋、冰沙和果汁，为食物增添多种风味。

　　本书将揭示这些食物的历史，包括它们的来源和相关菜肴。

课外活动

　　这些课外活动丰富有趣，能点燃你的求知热情。活动的目的是检验你能否将课堂上学到的知识运用在生活中。有些课外活动像科学实验，有些课外活动则像手工艺品制作。所有这些课外活动都附有浅显易懂的说明和提示，如果你遇到麻烦，可以打开这些"锦囊"。每项课外活动都附有一份材料列表，成年人可以帮助你获得列表中的物品，并在需要时将其替换为其他物品。如果看到"安全警示"，千万要小心谨慎！这些警示语是安全完成课外活动的重要注意事项。

每堂课外活动课都被标记为食谱或科学实验，还列出了完成活动所需的时间。"准备工作"标签解释了在活动之前要做的事项，比如准备好日记。每个实验的"结论"部分会告知预期结果。

一些额外提示：

●开始课外活动之前仔细阅读说明。如果不懂某个词，先查一下。

●开始课外活动之前仔细核对材料清单。如果缺少某种配料，可以暂停活动，留到以后再做。你无须按顺序完成课外活动，可以随心所欲地跳过某些内容！

活动日记

拿起笔记本，用心写日记！做笔记将帮助你像科学家一样思考，同时记录你正在学习的内容。写下你观察到的、学到的新知识和认识的一些新单词。

问自己一些问题，比如：我观察到了什么？我做了什么实验？这堂课外活动课与文化或历史有什么联系？按照提示更深入地总结各项课外活动。

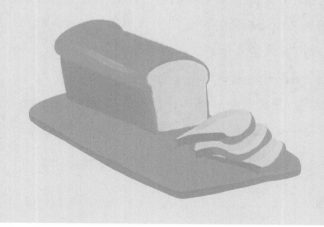

扫码获取

✔奇趣科学馆
✔爆炸实验室
✔知识测评栏
✔教育方法论

蔬菜、水果和坚果

　　蔬菜、水果和坚果是人们采摘和食用的植物。在本章中，你将了解它们。

　　果蔬对人们的生存非常重要，可以为我们的身体提供所需的能量和营养。在人们进入"农业社会"之前，这些可食用的果蔬是从野外采集的。如今，这些果蔬由农民种植。

　　我们的祖先不得不随着季节变换到处迁徙，寻找可食用的果蔬。他们在灌木、藤蔓和树木之间寻找可食用的植物。现在，只要走进超市就能买到新鲜果蔬。

水果

　　你见过春天开花的果树吗？树上芬芳的花朵凋谢以后变成了我们食用的多汁水果，如苹果、樱桃或橙子等。这堂课会介绍世界各地不同的水果。

　　不同的水果有不同的生长方式，例如草莓和西瓜长在藤蔓上。无花果是中东地区人们最早食用的水果之一，果实长在树上。

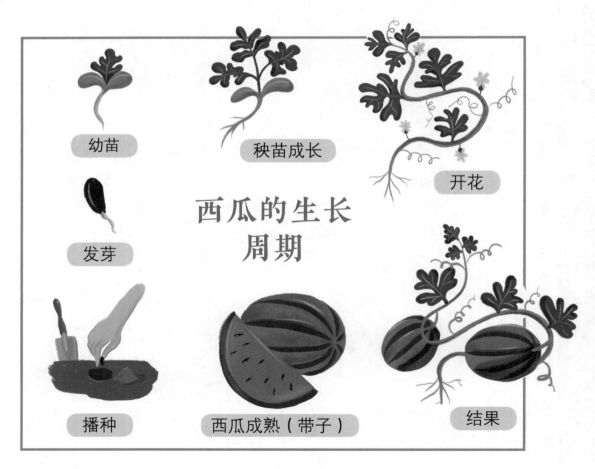

幼苗

秧苗成长

开花

发芽

西瓜的生长周期

播种

西瓜成熟（带子）

结果

草莓原产于南美和欧洲（如法国）等地。西瓜原产于西非。

你仔细观察植株，判断植物是水果还是蔬菜：大多数水果都有种子，而蔬菜没有种子。例如辣椒和黄瓜，也可能被分类成水果！大自然孕育出很多美味可口的水果，因此动物和人类可以吃到美味的水果，同时把种子撒在土地里，延续植物的生长。

水果可以在任何地方生长吗？特定气候和土壤类型决定了哪些植物能够在哪里生存。

黑莓喜欢温暖的天气，它们生长在欧洲温带地区。而香蕉喜欢湿热气候，它们在热带地区生长，如新几内亚和东南亚。

趣味知识点

根据植物学定义，草莓不是果实，西瓜才是！

下次你逛商店时，别忘了在日记中写下你看到的水果。

从种子到果实

时间
15 分钟

类别
实验、艺术与工艺

材料
带子小西瓜（未冷藏）
滤盆
纸碟
大型塑料容器
2 杯盆栽土
500 毫升容量的纸杯
剪刀
小刀

提 示

➡ 如果你想在天气暖和的时候将盆栽移到室外，就要在春季开始种植。

➡ 4 周后要换盆，将最茁壮的植株移到更大的盆中，保持植株的正常生长。移出并丢弃其他弱小植株。

植物的种子会结出新的果实吗？本堂课帮你了解相关知识！种子萌芽需要三个基本条件：阳光、土壤和水。准确地说，植物需要适宜的温度、适量的水分、肥沃的土壤，否则植物就不能发芽。在这堂课外活动课中，你要记录西瓜种子的生长发育过程。现在我们从收集西瓜种子开始，要得到种子，就必须先吃西瓜！

安全警示： 使用小刀切西瓜时，需征得成年人同意或者请成年人协助。

准备工作

切一片西瓜，挑出西瓜子，然后吃掉西瓜！将种子放入盆中冲洗干净，然后将种子放在纸碟上晾干。

说明

1. 在一个大塑料容器中放入一些盆栽土，然后慢慢加水，直到土壤变湿润。

2. 用剪刀在纸杯底部戳一个洞，方便排水。

3. 将塑料容器中的湿润土壤装入纸杯。

4. 用手指在泥土上戳 2 ~ 3 个小洞，然后在每个洞中放入一粒西瓜子，再覆盖 6 厘米左右厚的泥土。

5. 加水（不宜过多）润湿土壤。将杯子放在滤盆上，摆在阳光充足的窗台边，记录西瓜苗的生长情况（参见"课外活动日记"）。

课外活动日记

1. 拍摄你种植的西瓜子在 1 周、2 周、4 周和 8 周后的照片。记录西瓜子发芽需要多长时间，开花需要多长时间，植物长得比杯子还高需要多长时间。

2. 还可以收集和种植哪些种子？列一个清单。它们在什么季节生长？它们在什么地区生长？

3. 你种的植物活下来了吗？怎么判断植物是不是活的？

结论

现在你知道如何利用水果种子种植植物了！你收集植物的种子，并学会了亲手种植水果和蔬菜。植物是如何长大的？你有没有为植物提供阳光、土壤和水？

坚果

腰果

杏仁

榛子

　　超市中售卖的小包装坚果风味多样、营养丰富！本堂课介绍坚果，你将了解常见的坚果种类、它们的原产地，以及美味的烹饪方法。

　　坚果是从树和灌木的花中长出来的，果皮坚硬，内含一粒或多粒种子。坚果含有大量有益心脏健康的油脂以及具有饱腹感的蛋白质，对我们的身体有益。坚果也可榨油，用于烹饪和煎炸。

　　腰果、杏仁、榛子、核桃等都是坚果。腰果最初来自巴西，世界上大部分热带地区都种植腰果，它们被用于制作酱汁和美食。杏仁原产地是中亚，如今美国加州是世界上最大的杏仁产地。

榛子分布广泛，亚洲、欧洲及北美洲的温带地区均有分布。土耳其是世界上最大的榛子种植国，产量占全球总产量的三分之二。人们喜欢在新鲜面包上铺巧克力榛子酱。

核桃在世界各地都很受欢迎，原产于巴尔干到中国西南部间的欧亚地区。核桃颜色多样，有白色、红色和黑色。这些坚果添加在蛋糕和巧克力等食品中颇受欢迎。

世界上最受欢迎的坚果之一——花生，根本不是真正的坚果！花生又称落花生，实际上是一种豆科植物，形状就像豌豆或小扁豆。世界各地的人们都喜欢吃这种来自南美洲的食物。花生可制成花生酱以及各种食品。花生是优秀的油料作物，出油率高。中国年产花生油约220万吨，占全世界产量的40%。

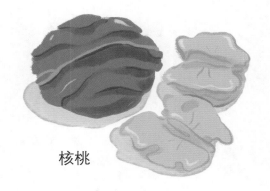

核桃

花生

趣味知识点

腰果的近亲之一是毒藤！

三重坚果酱

时间
15 ~ 20 分钟

类别
食谱，实验

材料
2 杯坚果（3 种坚果各 2/3 杯）
1/4 杯橄榄油
一小撮盐
搅拌器
量匙
橡皮刮刀
品尝用勺子
带盖玻璃罐（用于存放酱料）

可选作料
1 茶匙香草精
1 茶匙肉桂粉
枫糖浆或 1 茶匙蜂蜜

花生酱是世界范围内很受欢迎的食品之一。尝试用新的坚果亲手制作坚果酱（如果你对坚果过敏，也可以制作种子酱）。坚果和种子含有大量健康脂肪，研磨时会榨出油脂，形成滑腻的糊状物。可以用坚果和种子制作传统的三明治酱。

> **安全警示**：如果不会使用搅拌器，可以请教成年人或请成年人协助。

准备工作

在日记中贴上"1 分钟""2 分钟""3 分钟""4 分钟"和"5 分钟"的标签，这样就可以记录时间安排了。在每个条目后留出空间，以便记录观察结果。

说明

1. 将坚果（或种子）放入搅拌器中。

2. 盖上搅拌器的盖子，搅拌 1 ~ 2 分钟，直到坚果（或种子）粗切完毕，并抬离刀片。关闭搅拌器，揭开盖子，然后用橡皮刮刀将切碎的坚果推回搅拌器的底部。

3. 加入 2 茶匙橄榄油。盖上盖子，再搅拌 1 ~ 2 分钟。如果坚果或种子仍然粘在两侧，再倒入一点儿橄榄油，搅拌直到混合物开始变得滑腻。

4. 关闭搅拌器，揭开盖子，加入一小撮盐和其他可选的作料，如香草精或肉桂粉。盖上盖子，再搅拌 1 ～ 2 分钟，关闭搅拌器。这时用勺子尝尝你自己亲手做的美味！

结论

你可以将任何种类的坚果或种子放入搅拌器中并制作涂抹酱。坚果或种子压碎时，健康油脂会释放出来。这种滑腻的糊状物是一种有益心脏健康的食物，你可以将其涂抹在面包上，用苹果片蘸或用勺子舀入冰沙中！

提示

→ 搅拌后立即尝尝你做的美味酱料。如果需要，再加点盐、橄榄油或香料。然后再尝尝味道合不合适。

→ 橄榄油不能加太多，否则坚果酱太稀，会到处流淌。每加入一茶匙油后，添加更多作料之前试试口感。

课外活动日记

1. 写下你制作酱料时用的坚果或种子品种。再查阅资料，了解坚果或种子来自哪些国家。

2. 把坚果（或种子）放入搅拌器后，在每个混合周期后列出观察结果。1 分钟后，坚果（或种子）粗切好了吗，是干的还是湿的？ 3 分钟或 4 分钟后，是否做成了湿润的涂抹酱？搅拌器的罐壁上起雾了吗，为什么？做好后涂抹酱是温热的吗，为什么？

3. 随着时间的推移，新鲜的坚果会变质、发霉或变味，怎么存放酱料？

蔬菜

你知道蔬菜多达上千种吗？很多蔬菜都对人们的健康有益。植物科学中蔬菜和水果有时可能会被混淆，例如，大多数人把牛油果和黄瓜等植物归类为"蔬菜"，尽管它们的种子可以结出果实，在植物学上属于水果，但它们也是可以烹饪的蔬菜。

人们还食用植物的哪些部位？植物的根，如胡萝卜和土豆；植物的叶，如羽衣甘蓝和生菜；植物的茎，如芹菜和芦笋；植物的花，如花椰菜和黄花菜。

蘑菇也被归类为蔬菜，但严格来说它们是菌类。蘑菇原产于智利，白蘑菇在北美洲和欧洲很常见。香菇原产于东亚，用于日本汤类和中国炒菜等菜肴。

茄子也属于蔬菜，是原产于亚洲热带的野生植物，许多美味菜肴的烹制都会用到茄子。世界各地的食谱中都有茄子，包括中东、非洲和泰国，都是很受欢迎的菜肴。

胡萝卜是地下块根。它有橙色、黄色、紫色甚至白色的品种，这种蔬菜最初来自亚洲西部，在伊朗和阿富汗有野生"祖先"。胡萝卜在世界各地的羹汤和沙拉中都很受欢迎。

如果没有番茄，你就吃不到美味的辣番茄酱、大蒜番茄酱或原味番茄酱。番茄起源于南美洲，19世纪中后期，中国人才开始食用番茄。

你还喜欢什么蔬菜？把你还没有吃过的蔬菜列一个清单，食用的时候在日记中写下你的体验。

趣味知识点

你还可以吃长在地上的胡萝卜绿叶！尝试将它们与橄榄油、坚果和大蒜混合制成香蒜酱。

花椰菜

西蓝花

彩椒

洋葱

羽衣甘蓝

芦笋

芹菜

蘑菇

胡萝卜

11

小小美食家

时间
15分钟

类别
实验

材料
新鲜蔬菜
日记
铅笔
盛蔬菜的碗或盘子
小刀

尽可能多地品尝没吃过的蔬菜！马上行动吧。挑选各种蔬菜进行品尝、测试和绘制图表。它们是植物的什么部位？它们是什么颜色的？这些蔬菜是辣的、脆的还是苦的？用你的五种感官感受和品尝这些蔬菜。作为一名小小美食家，你要尽量客观表述！即使你不喜欢某种蔬菜的味道，你仍然应该记录你的体验。

安全警示： 用小刀切蔬菜时，需征得成年人同意或者请成年人协助。

准备工作

1. 选择5种你没有吃过的蔬菜。请成年人帮助挑选可以生吃的种类。

2. 在日记中绘制一个表格，如下表所示。

	例：长叶生菜				
视觉	绿、黄、白				
触觉	皱褶				
嗅觉	无味				
味觉	松脆，清淡				
听觉	低低的爽脆声				

3. 为第 1 列填上标题："视觉""触觉""嗅觉""味觉""听觉"。用你选择的 5 种蔬菜标记各列。

说明

1. 对每一种蔬菜都要仔细观察，并在日记中记录下来。

视觉：有哪些颜色、大小、形状？是植物的哪个部位？

触觉：是不是黏糊糊的？是不是有些粗糙？是不是毛茸茸的？是不是多刺植物？

2. 冲洗并准备切蔬菜。

3. 继续记录以下观察结果：

嗅觉：有没有浓烈的气味？有什么气味？

味觉：是甜的还是苦的？脆的还是有嚼劲的？

听觉：咬的时候会发出声音吗？

课外活动日记

1. 你对所挑选的蔬菜熟悉吗？还是完全不熟悉？

2. 你看到了多少种颜色？哪些蔬菜是甜的？

3. 如果你要再观察 5 种蔬菜，会是哪 5 种？

提 示

➡ 勇敢一些，大胆尝试！品尝没吃过的蔬菜可以帮助你探索世界，开阔视野！一位好的美食家总是首先品尝美食，而不是道听途说。

面包从农场到餐桌

农场种植和收获小麦

磨坊把小麦磨成面粉

面包房把面粉做成面包

面包房

主 食

　　早期人类并不像现代人一样一直住在同一栋房屋或同一个城镇，他们不断搬家，在野外寻找食物。当人们学会耕种后，情况发生了变化，人们安定下来学习种植农作物，农业和农业科学诞生了。

　　本章将介绍人们赖以生存的主食和加工制成的食物，即谷物、米饭和面包等。了解一下这些主食，然后去厨房一展身手吧！

谷物

谷物剖绘图

麸皮

胚乳

胚芽

谷物使现代文明得以延续，但这些谷物不是杂货店货架上彩色盒子中的现成食品。

谷物涵盖的范围较广，包括水稻、小麦、粟、大豆等，以及其他杂粮。谷物包含三个重要的组成部分：胚芽、麸皮和胚乳。

在加工过程中，麸皮和胚芽会被人工去除，这样谷物可以保存更长时间，比如精米（去除麸皮和胚芽）与糙米（脱壳后的全谷物及其所有部分）。吃全谷物对人们的身体更有益处。

世界各地的人们食用的谷物类型各不相同。下面进行简单介绍！

小麦粒通常被磨成面粉，用来做面包、馒头、面条等，发酵后可制成酒类。两河流域是最早种植小麦的地区。

小麦

美国人喜爱用麦片粥作为早餐。斯堪的纳维亚地区的人喜欢吃带浆果的麦片粥，在瑞典、芬兰和挪威，麦片粥都有不同的名称。

玉米起源于中美洲和南美洲。它有多种颜色，包括紫色、黄色和红色。意大利人喜欢吃奶油味玉米粥；南非人喜欢吃玉米粉制成的玉米粥；磨碎的玉米糁儿是美洲原住民和美国南部的传统主食；新西兰的毛利人喜欢吃发酵的玉米糁儿。

燕麦最早产于北半球温带地区，有一定的降血脂作用。北美人喜欢加红糖的燕麦片。苏格兰人发酵燕麦，称为燕麦糠糊。印度人吃一种带坚果和干果的燕麦片，称为碎麦粥。

中国是最早种植水稻的国家之一。中国人早餐喜爱吃稀饭，这是一种美味米粥。这种温热可口的食物在亚洲各地随处可见。

玉米

燕麦

水稻

17

世界各地的粥

时间
30 分钟

类别
食谱，实验

材料
3 种不同的谷物，各 1/4 杯
4 杯开水
量杯
3 把勺子
3 个碗
水壶

可选作料
盐、水果、蜂蜜、蔬菜、香料、牛奶

可选
研钵和研杵或搅拌器

接下来看看不同的谷物在沸水中煮熟会呈现何种状态！

它们会变成块状还是奶油状？是否需要撒一点儿糖或盐？你还可以添加哪些作料？

安全警示：烧开水时，需征得成年人同意或者请成年人协助。

准备工作

1. 挑选 3 种谷物（例如：大米、黑麦、小麦、燕麦或玉米等）。如果你挑选玉米，推荐使用玉米粉而不是整根玉米棒或玉米粒。

2. 如果你挑选大米等全谷物，请用研钵和研杵或搅拌器将它们研磨成粗粒。

3. 用水壶烧开水，分成 4 杯。

说明

1. 每种谷物量取 1/4 杯，并将它们分别放入碗中。

2. 在每种谷物中加入 1/2 杯热水，拌匀。

3. 静置 5 分钟。

4. 观察每种谷物的质感。

5. 品尝，如有必要，再加点水。

6. 加入作料，符合你想要的口味和口感。

挪威桨果粥

水果燕麦粥

韩国豆粥

印度碎麦粥

结论
　　用不同的谷物煮粥，每种谷物都有独特的风味和口感。添加作料（如蜂蜜或盐）后，它就成了一种新食物。我们今天吃的一些食物来自先辈们很多年前的想法和创造。你又创造了哪些新食物？

课外活动日记

　　1. 列出你使用的谷物。写下每种谷物在开水中煮熟后的风味和口感（添加作料之前）。

　　2. 如果你在每种谷物中多加一些水会发生什么？如果少加点水又会发生什么？

　　3. 是否有什么谷物需要在热水中泡或煮更长时间？

　　4. 你加了作料吗？每种谷物加了多少种作料？这些作料如何改变谷物的风味或口感？

水稻

　　从西班牙海鲜饭到日本寿司，全世界的人都喜欢食用大米！本课将介绍水稻的生长方式以及全球种植的水稻类型，还会介绍一些以大米为主的常见食物。

　　水稻的生长方式非常独特，它必须在水田里生长！

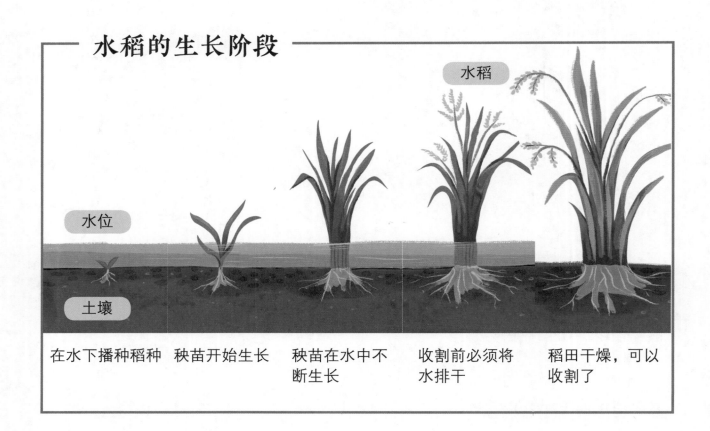

水稻的生长阶段

水稻

水位

土壤

| 在水下播种稻种 | 秧苗开始生长 | 秧苗在水中不断生长 | 收割前必须将水排干 | 稻田干燥，可以收割了 |

在插秧的时候，田地里要有水，水深 12 厘米左右。水稻在湿润的稻田里需要四五个月的时间发育成熟，直到收割。四五个月后把水田里的水排干，田地在日光下晒干，最后收割稻谷。

收割水稻后，要在碾米厂打稻谷。每粒稻谷都有稻壳，打稻谷的时候，要去掉一层薄薄的外壳麸皮，留下的是糙米。

大米的种类包括长粒米、中粒米、短粒米和特色大米。长粒米在美国、印度和泰国很常见。之所以称为长粒米，是因为这种米粒比其他大米品种颗粒更长。

中粒米的口感有点黏，非常适合制作日本寿司。寿司是一种很受欢迎的菜肴，由小块生鱼片或蔬菜与米饭搭配而成。在西班牙海鲜饭中一般使用中粒米，这是一道用米饭、海鲜和蔬菜制成的菜肴，在世界范围内都很受欢迎。

短粒米适合做意大利肉汁烩饭，因为煮熟的短粒米有奶油质感。肉汁烩饭是一种柔软的、富含汤汁的米饭。

最后一种大米被称为特色大米。这种独特的谷物包括：中国黑米（煮熟后呈紫色），又称"贡米"；泰国紫米；美国加利福尼亚州的萨克拉门托谷地产的一种石榴色的红米。

接下来试试做米饭吧！

趣味知识点

种植水稻的时候，我们的祖先不得不早出晚归，手工劳作！如今，农民伯伯用大型拖拉机收割。

比较泰国香米和糯米

时间
1.5 ~ 2 小时

类别
食谱，实验

材料
1/2 杯糯米
1/2 杯泰国香米
2 个中碗
水
计时器
滤盆
2 个带盖的小汤锅
量杯
叉子

每种大米的风味和口感都略有区别，煮熟的时间和所需水量也各不相同。在这堂课外活动课中，要比较两种大米，即糯米和香米。糯米是一种特色大米，香米是一种长粒米。两者有什么不同和相同之处呢？

> **安全警示：** 使用炉灶时，需征得成年人同意或者请成年人协助。

准备工作

在日记本的页面中间画一条线，一侧标注"糯米"，另一侧标注"香米"。

说明

1. 在一个中碗中将糯米洗净并沥干 3 或 4 次，在碗里装满温水，没过大米，浸泡 30 分钟。

2. 在另一个中碗中将香米洗净并沥干 3 或 4 次。

3. 用滤盆将香米中的水沥干。将香米放入汤锅中，倒入 1 杯水，没过大米 1.5 厘米左右。

4. 盖上锅盖，将炉灶调到中高火，把水烧开。再把炉灶调到小火，盖上锅盖，煮 10 分钟。

5. 关闭炉灶，不要打开盖子，静置米饭 10 分钟。

6. 用勺子轻轻搅拌米饭，放在一边稍微冷却。

7. 用滤盆将糯米中的水沥干，把糯米放入第二个汤锅。倒入水，没过糯米2厘米左右。重复步骤4～6。

结论

大米多种多样，每种大米做熟时都需要不同的准备步骤。正如本堂课所讲的那样，煮饭前糯米需要浸泡，但香米不需要。

糯米浸泡后会软化米壳，煮熟后会变得又柔软又有嚼劲。没有任何两种大米的煮熟方法是一样的！

课外活动日记

1. 品尝这两种米饭，在日记中记下味道、口感和气味。它们有什么不同之处？它们有什么相似之处？

2. 大米浸泡在水里前后是什么样子的？颗粒大小和颜色有区别吗？

3. 实验中使用的两种大米都是白米。参考课文，谷物的哪些部分被碾磨成白米？你认为糙米煮起来要花更短还是更长的时间？为什么？

面食

面食是什么时候出现的？在这堂课中，你将了解不同面食的差异和历史。你还将发现来自不同国家但同样可口的食品。

人类进入农耕社会后发明了面食，这些是人们最早的主食之一。早期的面食由营养丰富的全谷物制成，对人类健康很有益处。历史上

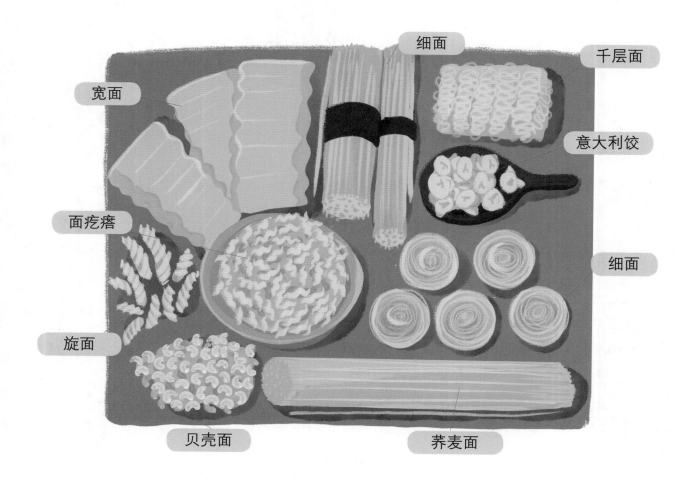

细面

千层面

宽面

意大利饺

面疙瘩

细面

旋面

贝壳面

荞麦面

人们已经发现了压碎和研磨谷物的方法，然后制成各种食物，类似于我们现在烘焙的食物。接下来介绍如何用面粉制成面食！

在中国古代，最早的面食很可能是面条。在青海省考古发掘现场，考古专家（专门从事挖掘古迹、古生物化石的人）发现一个4000年前的陶碗里面盛着面条，那些面条是用两种小米做的。面食出现较晚，它与我们现在吃的食物完全不同。13世纪开始，干面食在意大利流行，而番茄直到16世纪才从南美洲传入意大利。数百年后，番茄酱出现了。在此之前，面食是干吃的！

现代面食与其他面条的不同之处在于一种重要的谷物——小麦。面条可以用其他谷物制成，包括荞麦和大米。传统的面食面团不加盐，而面条面团通常是加盐的。

荞麦面是由荞麦做的。它在日本料理中很受欢迎，分为冷热两种。荞麦面是一种热面汤，配生鸡蛋。拉面在日本和中国很常见，带汤。

意大利面食众多，闻名全球。意大利肉汤水饺的特色是金黄色肉汤和小肉馅贝壳饺子。

你还可以找到千层面和培根蛋酱意大利面。

在美国，乳酪通心粉是一种由意大利面食改良而成的食物。意式肉丸面是由意大利裔美国移民发明的，但意大利本土没有这种食物。丹麦人用番茄酱拌意大利面。

德国有一种波浪状的厚面条，称为面疙瘩。

扫码获取
☑ 奇趣科学馆
☑ 爆炸实验室
☑ 知识测评栏
☑ 教育方法论

西式面疙瘩

时间
35 分钟

类别
食谱

材料
1 杯通用面粉
1/2 茶匙盐
1/2 茶匙现磨肉豆蔻粉
1/4 茶匙现磨胡椒粉
2 个鸡蛋
1/4 杯低脂牛奶
1 汤匙水
1 汤匙橄榄油
1 汤匙黄油
2 汤匙现磨帕尔马干酪
大锅
约 4 升容量的易拉式塑料袋
量杯
量匙
小碗
叉子
剪刀
牛油刀
漏勺
盘子
中号平底锅

面疙瘩是一种由小麦粉做的德国面条，面疙瘩机或薯泥加工器是常用的制作工具，也可用蛋糕裱花袋制作。

做面团很容易，预估生面团变成可以吃的面条需要多长时间。

安全警示：使用炉灶时，需征得成年人同意或者请成年人协助。

说明

1. 大锅装一半水，大火把水烧开（出现大气泡）。然后调至中火或小火。

2. 取适量的面粉、盐、肉豆蔻粉和胡椒粉，放入一个约 4 升容量的易拉式塑料袋中。

3. 把鸡蛋、牛奶和水放在一个小碗里，搅拌均匀。

4. 将鸡蛋糊倒入塑料袋中，搅拌均匀，排除大部分空气，然后密封。

5. 轻轻地将袋子弄平，直到里面的混合物变成面糊。

6. 将所有面糊移至袋子底角，然后在这个底角上剪一个 0.3 厘米左右的洞。

7. 挤压 2.5 厘米长的面糊，将面糊小心挤入沸水中。

8. 用漏勺把水面的白沫撇干净。

9. 面疙瘩浮上水面后，就做好了。煮面疙瘩很快！

10. 用漏勺捞出面疙瘩，盛在盘里。

11. 与此同时，在平底锅中用中火加热橄榄油和黄油。加入面疙瘩，煎 3 ~ 4 分钟，偶尔搅拌，直到变成浅棕色。

12. 将做好的面疙瘩放回盘里，撒上帕尔马干酪。

结论

你刚刚做了一碗面疙瘩！可以看到，将小麦粉、水和鸡蛋混合会形成生面团。将面团做成面疙瘩放入沸水中，然后煮熟。

提 示

➡ 如果面糊挤不出来，试着把面糊上面的塑料袋扭起来。这样很容易挤出面糊。

➡ 尝尝这道西式面疙瘩，在上面撒上炒蔬菜或新鲜西红柿和罗勒。

课外活动日记

1. 描述面疙瘩的味道、口感和外观。味道可口吗？有嚼劲吗？表面光滑还是粗糙？

2. 你能想到其他由面条和奶酪做的食物吗？它们来自哪些国家？将这些面食与面疙瘩进行对比。

3. 用手指按压煮熟的面疙瘩。如果煮久一点儿，会有多软？如果煮的时间较短，又会有多硬？

玉米饼
黑麦面包
小麦面包
印度薄饼
裸麦粗面包
碱水结面包
皮塔饼
法式面包棍
贝果面包

面包

　　面包是世界上最古老的面食之一！历史学家曾经认为，进入农耕社会后人们才开始烘焙食品，比如面包。然而，考古学家最近发现，人类早在数千年前就懂得烤面包了。

　　人们在约旦东北部遗址的一个石壁炉中发现了10000多年前的面包屑！这种面食很可能是一种由古老的单粒小麦、大麦、块茎（块根）和燕麦做的大饼。考古学家在附近发现了野生芥菜籽，它可能被用作调味料。调味料是一种加在食物中使味道可口的食品成分。

面包是由面粉和水混合制成面团并烘烤而成的食物。面包有很多种类，各个国家都有自己的特色面包。

无酵面包不含任何使面团发酵的物质，而发酵面包含有酵母、小苏打。全麦面包有益于你的健康！

接下来介绍世界各地的不同面包！

碱水结面包是德国人爱吃的发酵面包。传统的碱水结是独特的对称形状，将一个长条状面团的两端交叉在一起，烤熟后趁热吃，通常蘸芥末。北美人也喜欢吃碱水结面包。

贝果面包是一种硬面包圈，需要发酵。贝果面包最早起源于波兰克拉科夫的一个犹太社区。现在，这种面包有多种口味，并用不同的面粉（如南瓜粉、黑麦等）和调味料烘焙而成。

玉米饼是南美洲早期阿兹特克人在挤压玉米粉，并和水混合做成面团后，烘烤而成的无酵面包。墨西哥薄饼使用小麦粉代替玉米粉。

皮塔饼起源于中东及地中海地区。在烤制过程中面团会鼓起来，形成一个中空的面饼，像口袋一样，也称为"口袋面包"。它们还配有鹰嘴豆泥等涂抹酱。

印度薄饼是一种酵母发酵的大饼，来自埃及和印度。这种面包在土灶中烘焙，上面涂抹大蒜和黄油，加洋葱馅儿，或者撒上芝麻。

你饿了吗？是时候亲手做面包了！

趣味知识点

美国伊利诺伊州的弗里波特镇被称为"美国贝果城"，其吉祥物便是一块贝果。

制作面包

时间

2 ~ 2.5 小时

类别

食谱，实验

材料

3 茶匙活性干酵母
1 茶匙糖
3/4 杯温水
2 杯全麦面粉
1/4 杯通用面粉
1 茶匙盐
1 汤匙橄榄油
几个不同大小的碗
量杯
量匙
橡皮刮刀或木勺
保鲜膜
洗碗巾
22 厘米 × 12 厘米的面包盘
冷却架
计时器

酵母是一种帮助面团发酵的真菌，起初人们对其并不了解。亲手做面包，看看酵母是如何起作用的！

> **安全警示：** 使用烤箱时，需征得成年人同意或者请成年人协助。

准备工作

在日记中创建三部分："起泡""发面""烘焙"。

说明

1. 在一个小碗里，将酵母粉和糖加入温水中，混合均匀。静置 5 分钟，或直到水面开始起泡。

2. 在一个大碗里，混合全麦面粉、通用面粉和盐。

3. 将酵母混合物加入面粉混合物中，并加入橄榄油。用橡皮刮刀搅拌，直到混匀。

4. 在干净、平坦的表面上轻轻地撒上面粉。揉面团，重复揉搓，揉捏时多撒些面粉，直到面团变得有弹性。过程持续 8 ~ 10 分钟。

5. 在一个大碗上涂上橄榄油，把面团放在碗里，用保鲜膜包起来。将碗放在暖和的地方，静置 60 分钟，或揉捏面团直至原体积的两倍大。

6. 在面团上打孔，释放气泡。

7. 取出面团放在平面上，再次揉搓 2 ~ 3 分钟，然后

酵母混合物

揉面团

将面团放入抹了橄榄油的面包盘中，用湿的洗碗巾盖住。将其放在温暖的地方，静置 30 分钟。

8. 揉面时，将烤箱预热至 200 ℃。

9. 将面团放入烤箱，烤 20 ~ 25 分钟，直至面包呈金黄色。

10. 轻轻地将面包从烤盘中翻过来，放到冷却架上。在切片 / 食用前冷却 45 分钟。

课外活动日记

1. 在每一步实验之后写下你的观察结果：起泡、发面和烘焙。现在你知道酵母是如何起作用的吗？

2. 5 分钟后酵母混合物发生了什么变化？它闻起来像什么？看起来像什么？

3. 如果不使用酵母会发生什么？

结论

你刚刚看到酵母发挥了魔力！酵母和糖混合以后会起泡，这时发酵过程开始了。

把酵母和糖添加到面粉中搅拌，面团会继续发酵并膨胀。面包制作完成后，你可以看到酵母起作用的更多迹象，如面包上的小孔。

提 示

➡ 为了防止烤面包迅速变黄，可以给面团盖上锡箔纸。

➡ 面包可以放在纸袋中，在室温下保存 2 ~ 3 天。不能把自制面包存放在冰箱中，否则会更快变硬。

贮存食物的方法

泡菜、酸菜和腌鲱鱼有一个共同点：它们都是腌制食品。保存食物对早期人类的生存很重要，这些贮存技术至今仍在使用！

人们在捕猎动物和收获农产品后，发现它们很快就会变质。我们的祖先发现了使食物持续数月甚至数年不变质的方法。本章探讨了几种常见的方法：干燥、发酵和腌制。这些食物贮存技术不仅帮助人们将食物保存到下一个植物生长周期，还创造了丰富的新口味和口感。

今天，我们仍然喜欢牛肉干、奶酪和泡菜等食物。

干货

葡萄干是经过风干、晾晒等方法去除水分后的葡萄。在这堂课中，你将学习风干新鲜食物的科学方法，这有助于食物保存更长时间。接下来将介绍世界各地的干货及其在人们生活中的作用。

食物中的水分会导致食物变质，去除水果、蔬菜甚至肉类中的水分可以防止细菌和真菌的滋生。经过干燥后，食物的保质期更长，甚至超过一年。

风干是最早的食物保存形式之一，古时候中东和亚洲的人就采取这种方式保存肉类。现在人们使用多种方法去除食物中的水分，例如阳光暴晒、使用烤箱或脱水器。干燥的冷空气也可以使食物脱水，斯堪的纳维亚人用这种技术制作鱼干。

水果干一直是最受欢迎的干货之一。这种食物最早是在美索不达米亚平原发现的，藤上的葡萄在烈日下晒干而成了美味的葡萄干。其他受欢迎的果干包括枣、苹果和杏等。

干燥的菌类可以保存较长时间，炖菜时不会损失原有的风味。

香菇原产于东亚，在干燥后仍能保持浓郁的风味。它们可以用来炖汤，比如日本的味噌汤。干菇可以在水中泡发，然后可用于制作面食、汤和炒菜。

辣椒通常在晒干后制成香料或酱汁。来自中南美洲热带地区的辣椒需要经过干燥，然后磨碎，最后做成调味料。干辣椒可以保存一整年。干辣椒粉与水一起煮沸，制成辣椒汁，可以做辣肉馅玉米卷、墨西哥卷饼和其他食物。

趣味知识点

在早期的罗马体育赛事中，葡萄干被当作奖品发放给运动员。医生们一度相信葡萄干可以治愈老年病。

烘干水果花环

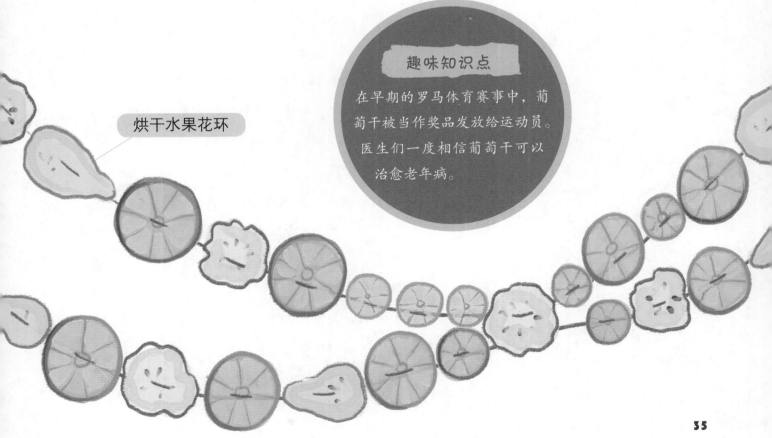

烘干水果

时间

准备时间：20 分钟
烘干时间：4 小时

类别

食谱，实验，艺术与工艺

材料

1 个苹果
大烤盘
烤箱纸
烤箱手套
烤箱
剪刀
食物秤（可选）
计时器
刀
砧板
抹刀
小盘子

提示

➡ 在较冷的月份尝试此实验，因为烤箱要连续使用几个小时。

水果干是一种受欢迎的干货，因为它们味道很甜并且有营养。在这堂课外活动课中，你要学会亲手晒干水果并观察它们的变化情况！

> 安全警示：使用刀子和烤箱时，需征得成年人同意或者请成年人协助。

准备工作

1. 在日记中的页面顶部写下"果干"。

2. 制作一张表格，横行三栏中写上"之前""之后"和"总计"。

3. 竖行每列写上"1 小时""2 小时""3 小时"和"4 小时"，每列后面都留有空格，以便记录观察结果。

4. 准备一个烤盘，铺好烤箱纸。

说明

1. 将烤箱预热至 100 ℃，5 分钟。

2. 在食物秤上称量苹果，并在日记中记录它的重量。

3. 去掉苹果核，将苹果切成薄片，将它们平铺在带衬的烤盘上。

4. 将烤盘放在烤箱中，开始烤苹果片。

5. 将计时器设置为 60 分钟。

6. 60 分钟后，打开烤箱释放烤箱内的水分。

7. 戴上烤箱手套，从烤箱中取出烤盘。

8. 用抹刀把苹果片翻面，然后将烤盘放回烤箱继续烘烤。

9. 写下你的观察结果。

10. 重复步骤6 ~ 9，直到苹果片变干但有弹性。4小时后，每30分钟观察一次苹果片。

11. 苹果片变干时，从烤箱中取出烤盘。

12. 用抹刀将苹果片移到盘子里，冷却10 ~ 15分钟。

13. 收集所有的苹果片并称重，在日记中记下重量。用苹果最初重量减去烘干后的重量，得数就是散失的水分重量！

课外活动日记

1. 苹果片的味道怎样？是甜的还是酸的？口感如何？有嚼劲还是香脆？闻起来还像苹果吗？

2. 所有的苹果片大小都一样吗？如果大小不同，将较大的一块与较小的一块进行比较，哪片更干燥？你认为为什么会出现这种情况？

3. 你还想尝试烘干哪些水果？

结论

刚刚学到了一种将新鲜水果变成干燥零食的方法。随着时间的推移，暴露在低热环境中的水果切片的水分会慢慢蒸发或排出。

提 示

➡ 将果干存放在密封的玻璃容器中，可以保存几个月以上。

➡ 制作一个食物花环！用叉子在苹果片中间戳个洞。将一根绳子穿过这些洞，将苹果片间隔5厘米放置，并挂起来作为装饰。

发酵食品

你吃过中国酸菜或德国泡菜吗？这些泡菜是发酵的白菜或卷心菜。发酵是另一种保存食物的方法，可以延长食物保质期。在这堂课中，你将学习发酵和腌制食品背后的科学原理以及它们之间的区别。

发酵是一种生物化学反应，是微生物在有氧或无氧条件下对有机物进行的某种分解过程。例如，奶酪是发酵乳，葡萄酒是用葡萄发酵而成的。发酵的食物能保存数周、数月甚至数年。发酵过程需要密封的罐子，阻止空气进入容器中。

微生物与食物一起被限制在密封容器内时，就开始发酵，微生物分解食物中的糖分并将其转化为酸。这种酸能使食物保存很长时间，还能改变食物的味道和口感。

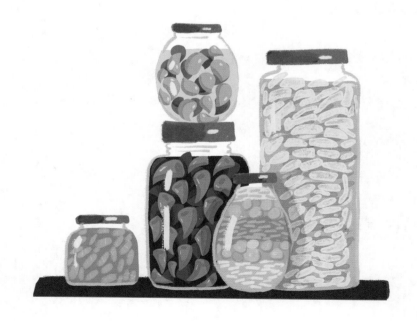

第二章中，你用酵母制作面包，这也是一种发酵方式。酵母分解面团中的糖分时，会释放气体。将糖分转化为气体是一种化学变化，也就是俗称的发酵。许多发酵食品利用微生物发挥作用，发酵实际上为食物添加了新的维生素和其他营养物质，并形成了一种全新的食物。

我们的祖先可能是偶然发现发酵的。

如今，发酵食品在世界各地都很受欢迎。德国泡菜是发酵白菜，类似于中国的酸菜，但用的盐更多，香料也不同，发酵时间更短。其他发酵食品包括由大豆制成的酱油和由牛奶制成的酸奶等。

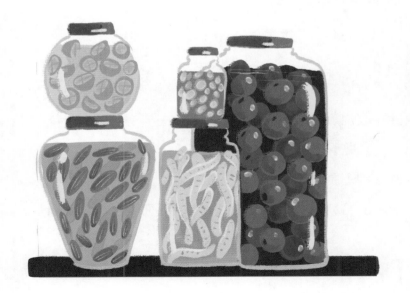

趣味知识点

你知道很多细菌对人体有益吗？还有一些细菌会让我们生病。发酵食品含有有益细菌。

腌黄瓜

时间
20 分钟制作时间
48 小时腌渍时间

类别
食谱，实验

材料
1 根黄瓜
1 杯白醋
1 杯水
1 汤匙糖
1 汤匙盐
小刀
砧板
量杯
量匙
小平底锅
1 个塑料袋
1 个带盖罐子（250 毫升）
长柄勺
勺子或黄油刀

腌黄瓜不是发酵食品，是用醋和黄瓜做的。腌渍时使用醋、盐，它们产生的热量能杀死有害细菌，更好地保存水果和蔬菜。腌渍比发酵用时更短。

此外，腌渍后剩下的酸水可以重复使用！我们的祖先经常重复使用酸水，这是一种宝贵的调味料。在这堂课外活动课中，你将学会如何制作酸水，延长蔬菜的保质期。

> **安全警示**：使用刀具时，需征得成年人同意或者请成年人协助。

准备工作
把黄瓜洗干净，把两端切掉。

说明
1. 取适量醋、纯净水、糖和盐，在一个小平底锅中混合。用中火加热并将其煮沸，把锅放在一边，盖上盖子。

2. 把黄瓜切成两半，将一半放入塑料袋中，将另一半切成约 1 厘米厚的圆片进行腌渍。

3. 将切片的黄瓜放入罐子中，顶部留出 2.5 厘米的空间。

4. 用勺子小心地将热的调味汁倒在罐子里的黄瓜片上，直到浸没黄瓜片，冷却一会儿。

5. 用干净的勺子轻轻按压黄瓜片排出内部空气。

6. 将罐子密封，放在冰箱里，袋装黄瓜放旁边。

7. 48 小时后进行第一次观察。

8. 每天观察袋装黄瓜和腌黄瓜，记录它们的外观变化。

9. 一旦袋装黄瓜开始变质，就把它扔掉，记录下用了多少天。

提 示

➡ 腌黄瓜的时间取决于黄瓜切片的大小和厚度，一般将在 5 ~ 7 天做好。

➡ 加入调味汁之前，你可以在装黄瓜的罐子里加入其他调味品，例如莳萝、胡椒和大蒜等，它们都是常见的泡菜调味品。

课外活动日记

1. 与腌黄瓜相比，袋装黄瓜的保质期更短还是更长？能保存多久？为什么？

2. 48 小时后袋装黄瓜发生了什么变化？它的外观和触感如何？

3. 48 小时后腌黄瓜发生了什么变化？为什么会发生这种变化？

4. 5 天后再次观察腌黄瓜并记录观察结果。已经变成泡菜了吗？

扫码获取

☑ 奇趣科学馆
☑ 爆炸实验室
☑ 知识测评栏
☑ 教育方法论

盐腌食品

盐非常重要，人类文明的发展离不开食盐，尤其是在古代。

这堂课将介绍如何用盐保存食物以及盐如何在人的身体中发挥作用，还会介绍世界各地的盐腌食物。

中国腌制食品的历史悠久，可能起源于周代以前。盐腌是让食盐大量渗入食品组织内部来达到延长食品保存时间的目的，因为盐吸取食物中的水分，大多数细菌、真菌和其他潜在致病微生物无法在高盐无水条件下生存。盐腌使食物可以保存更长的时间，数月、一年甚至更长时间。这种技术称为"盐腌法"。另一种用盐保存食物的方法是用盐水腌制食物；斯堪的纳维亚人以这种方式保存鱼，比如腌鲱鱼；尼泊尔人吃的酸豆角也是用这种方法制作的。

人们的身体需要盐来维持正常运转，而我们日常摄取的食物是盐的主要来源。然而，近年来，盐对人们的健康构成了威胁。

根据饮食指南，儿童每天的盐摄入量应少于 2.3 克，而实际上，儿童每天的平均盐摄入量为 3.3 克，远远超过规定标准。因为很多孩子们喜欢的零食中也含有大量的盐。

盐有助于人体维持内部的水分平衡，但是摄入过多的盐会损害心脏并导致体液失衡，使体内的体液过多。这会使心脏超负荷工作，从而导致高血压。你要注意每日盐的摄入量，含盐过高的食物要少量食用。例如，腌蛋黄应作为调味品，每次只吃一点点，在不损害健康的情况下获取身体所需的盐分。

腌咸蛋黄

腌咸蛋黄是公元 5 世纪时起源于中国的美食。现在，人们把咸蛋黄磨碎，作为调味品撒在面食或沙拉上，广受欢迎。用盐盖住黏稠的鸡蛋黄，蛋黄的水分会散失，然后形成坚硬、奶酪状、圆形的蛋黄。盐需要很多天才能发挥作用，但值得等待！

安全警示：使用烤箱时，需征得成年人同意或者请成年人协助。

时间

准备时间：20 分钟，7 天干燥时间
烘干时间：30 分钟

类别

食谱，实验

材料

约 750 克盐
12 个鸡蛋
带盖的大型扁平食品储存容器
汤勺
烤盘
烤架
1 小碗水
果皮刮刀（可选）

准备工作

1. 用一半的盐盖住食品储存容器的底部。

2. 用汤勺的背面在容器底部的盐上压出凹痕。

3. 将蛋黄与蛋清分开，蛋清留作其他用途。

4. 小心地将每个蛋黄放入盐中的凹痕中。

5. 再用剩余的盐盖住蛋黄表面。

6. 盖上盖子，在冰箱中存放 6 ~ 7 天。

说明

1. 将烤箱预热至 65 ℃，5 分钟。

2. 将烤架放在烤盘上。

3. 从冰箱中取出食品储存容器，小心地取出蛋黄，一次一颗。

4. 将蛋黄表面多余的盐拂去，或用水清洗掉。

5. 轻轻地将蛋黄放在烤架上。

6. 关上烤箱加热至 180 ℃，10 分钟。

7. 取出烤好的蛋黄，然后冷却 15 分钟，即可食用。烤好的蛋黄应该是酥香的。

课外活动日记

1. 在整个腌制过程中观察蛋黄的质感。用什么词来形容新鲜的蛋黄？

2. 如何形容腌制一周后的蛋黄？盐是如何改变蛋黄的？

3. 盐会改变蛋黄的质感吗？如果盐可以从蛋黄中除去水分，那么水分去了哪里？一周后盐变得更湿润了吗？

乳制品和蛋类

农业文明兴起前后，人类祖先开始尝试对野生动物进行驯化，目的是从动物身上获得更多生产生活资源。

本章探讨了一些乳制品背后的科学和历史知识，其中包括黄油、奶酪和酸奶，以及蛋类的用途。

人类最初的乳制品是从羊奶中意外发现的。公元前11000 年到公元前 9000 年，绵羊被人类驯化。

蛋类是人类祖先珍视的另一种动物产品，主要源自禽类。公元前 6000 年，东南亚首次出现驯化鸡，从此人类就吃到了美味、营养丰富的鸡蛋。

黄油

你认为脂肪和水哪个重量更轻？这堂课会给出答案！本课还会介绍脂肪在人体内的作用机制，并介绍世界各地使用黄油的一些独特方式。

黄油是指我们点在烤土豆上、涂在面包上、熔化在爆米花上的黄色奶油状物质，是由动物奶加工出的一种固态油脂。原料奶可以来自山羊、奶牛甚至牦牛！

奶是如何变成黄油的？把新鲜动物奶搅拌并滤去上层浓稠状物质内的水分，剩下的就是黄油。黄油营养丰富但脂肪含量很高，不宜过多食用。

我们身体中的脂肪可以转化为能量，因此我们每天都需要摄入一些脂肪（适量），这些脂肪一部分来自植物，如橄榄油和坚果；另一部分来自乳制品和肉类中的动物脂肪，摄入过多的动物脂肪对我们的心脏健康有害。

关于黄油的历史记载，要追溯到五六千年前，在古印度和古希腊的一些著作中可以找到。

不过在那个时期，人们并不是把黄油作为食品，而是把它作为药品和祭品。黄油最早是由少数生活在草原和寒冷北部的牧民发明的，黄油在三千年前已经在牧民的餐桌上占有一席之地，直到 19 世纪大众才开始食用黄油。

在美国，黄油主要来自牛奶。在尼泊尔、印度和中国的部分地区，人们喝酥油茶。这是一种由牦牛黄油、盐和茶叶制成的热饮，据说可以预防嘴唇干裂。

黄油是用牛奶加工出来的一种固态油脂。黄油可用作调味，它营养丰富，口感极佳，可涂抹在面包上食用。但其脂肪含量高，不要过度食用。

制作黄油

时间
30 分钟

类别
食谱，实验

材料
1 杯奶油（280 毫升）
盐（可选）
500 毫升带盖玻璃罐头瓶
量杯
时钟或秒表
滤网过滤器
橡皮刮刀
1 个中碗
1 个小碗
2 个小罐子或储存容器

准备工作

1. 在日记的页面顶部写下"黄油"。

2. 写下描述实验步骤的词语: 如"开始""搅打奶油""一些固体"和"完成"。在每个词语旁边留一些空间。

3. 写下"黄油"和"乳浆"，并在每个词旁边留出空格。

说明

1. 将冷的奶油加入罐头瓶中，拧紧盖子。

2. 在日记中"开始"旁边写下时间。

3. 摇动罐头瓶，可听到奶油晃动的声音。几分钟后，当奶油中的脂肪开始乳化或结合在一起时，你会注意到声音的变化。

4. 晃动罐头瓶直到感觉没有液体晃动时，打开罐头瓶，内容物应该看起来像乳浆。在日记中记下形成乳浆的时间。

5. 盖上盖子，继续摇晃。

6. 几分钟后，乳浆会分离并开始发出"砰砰"的响声。打开盖子，可以看到一团固体物，这就是黄油！记录形成

提 示

➡ 制作甜黄油可以加入 2 茶匙蜂蜜和少许肉桂。用 1/2 茶匙蒜末和切碎的新鲜罗勒调味。添加柠檬或橙皮，生成果味。

2 分钟

4 分钟

6 分钟

8 分钟

黄油的时间。

7. 继续摇动罐头瓶以帮助黄油凝固并排出乳浆，记录完成的时间。

8. 将滤网过滤器放在一个中碗上，将黄油和乳浆倒入滤网过滤器中。

9. 乳浆流入碗中，黄油留在过滤器中。

10. 把黄油倒入一个小碗里。

11. 记录黄油总量，把它倒入一个小罐头瓶里。

12. 记录乳浆总量，把它倒入另一个罐头瓶里。

13. 将两者都存放在冰箱中。乳浆最多可以保存一周，黄油可以保存很久。

结论

　　你刚刚做了一份乳制品！罐头瓶中剩下的液体是乳浆，通常用作烘焙像乳浆煎饼这样的食品，炒鸡蛋时加入它们也很美味。

提　示

➡ 制作黄油需要不断摇晃容器！可以请家人帮忙轮流摇晃，或者使用电动搅拌器。

课外活动日记

1. 制成乳浆需要多长时间？描述开始和结束时罐内的声音。

2. 形成固体需要多少分钟？描述固体的声音和质感。

3. 你获得了多少黄油和乳浆？与你开始使用的奶油相比如何？

瑞士奶酪

山羊奶酪

切达干酪

马苏里拉奶酪

布里干酪

奶酪

为什么瑞士奶酪上有孔？牛奶是如何变成奶酪的？这堂课将介绍奶酪的做法并探索其历史。

最早的奶酪可以追溯到大约 7500 年前，在波兰出土的 24 个陶器碎片上发现了少量奶酪。和最早的黄油一样，奶酪是人们偶然制成的。早期人类将牛奶放在动物胃袋中，可能时间太久忘记了，发现的时候就形成了一种美味的固体状物质。

奶酪是一种发酵乳制品，第3章介绍了发酵工艺。在制作奶酪时，有益菌与来自动物（如牛或羊）胃里的液体（凝乳酶）被一起添加到牛奶中。这个过程可以防止有害菌在牛奶中繁殖，使牛奶的保质期长达数月或数年。

牛奶发酵的原理是什么？有益菌将牛奶中的糖分转化为一种叫作乳酸的物质，而凝乳酶使牛奶凝结。凝乳酶和乳酸共同作用，使牛奶变酸，并凝结或分离成团块。

凝乳是奶酪制作完成的前奏。从凝乳中分离出来的水样液称为乳清。压榨凝乳，释放所有乳清，然后加盐并储存，发酵更长时间，赋予奶酪风味。

制作奶酪时，不是摇动牛奶以形成乳浆，而是由有益菌和凝乳酶完成这些工作，使牛奶发酵和凝结。

这个过程为蓝纹奶酪或浓味切达干酪等奶酪增添了酸味和浓郁的味道。味道较淡的奶酪，如马苏里拉奶酪，发酵时间很短。如果凝乳酶存放很长时间，奶酪的味道会更浓郁。

回到之前的问题，你知道瑞士奶酪为什么会有孔吗？还记得第2章面包课中的酵母知识吗？在瑞士奶酪中，乳酸(类似于面包中的酵母)会释放出一种气体，在奶酪中形成孔洞。

扫码获取
☑ 奇趣科学馆
☑ 爆炸实验室
☑ 知识测评栏
☑ 教育方法论

把牛奶变成奶酪

时间
1小时

类别
食谱，实验

材料
8茶匙鲜榨柠檬汁，分装
（2～3个新鲜柠檬）
1/4杯全脂牛奶
1/4杯低脂牛奶
2个玻璃杯或小罐子
2个小碗
量匙
小型滤网过滤器
奶酪布或咖啡过滤纸
纸巾

想自己亲手制作奶酪吗？制作过程比你想象的还容易！大多数奶酪需要乳酸和凝乳酶来发酵牛奶，不过你可以使用家里冰箱中已有的酸性物质（如柠檬汁）制作一种更简单的奶酪。

帕尼尔奶酪在印度很受欢迎，这种奶酪是由柠檬汁将牛奶发酵而成的。帕尼尔奶酪经常用来制作奶油菠菜或马萨拉汤。

准备工作

1. 切开柠檬，挤8茶匙柠檬汁。如果没有柠檬汁，你可以用醋代替（这会改变风味）。

2. 如果用奶酪布，则剪下两块足够大的布，盖住网状过滤器。

3. 在日记中记下是全脂牛奶还是低脂牛奶更容易制成奶酪。

说明

1. 在一个玻璃杯中，倒入全脂牛奶。

2. 在另一个玻璃杯中，倒入低脂牛奶。

3. 在每个玻璃杯中加入 4 茶匙柠檬汁，然后用勺子搅拌。静置 5 分钟，牛奶发生了什么变化？

4. 将一块奶酪布或一张咖啡过滤纸放在一个小碗上的过滤器中。

5. 小心地将一种牛奶混合物倒入过滤器中。等待 30 分钟，乳清开始与凝乳分离。

6. 第一杯牛奶混合物排空后，从过滤器上取下奶酪布（或过滤纸），将其放在一边。

7. 用第二杯牛奶重复步骤 4 和 5。

8. 包裹在奶酪布中的固体就是奶酪，碗里剩下的液体是乳清。

课外活动日记

1. 牛奶加入柠檬汁后有什么变化？牛奶中的乳糖被细菌分解时会发生什么？

2. 将牛奶混合物倒在奶酪布上时，液体发生了什么变化？有没有变色？气味或味道与牛奶有什么不同？

3. 看看做了多少奶酪。和你预测的一样吗？

4. 品尝奶酪，与平常买的奶酪味道是否一样？

结论

在牛奶中加入柠檬汁，会使牛奶变酸、凝结，还形成了乳清，也就是过滤后剩下的液体。这种简单的发酵可以将奶酪保存得更久。

酸奶

　　骆驼、奶牛、水牛和牦牛等动物的奶都可以用来做酸奶！

　　酸奶是一种酸酸的乳制品，在世界各地都很受欢迎。这堂课将介绍酸奶的发展历史和世界各地食用的不同酸奶。

　　酸奶很可能是 4500 年前在西亚出现的。游牧民族装在羊皮袋中的牛奶与袋内细菌接触并自然发酵，形成酸奶。

酸奶和奶酪一样，是由牛奶发酵而成的，但两者有很大区别。奶酪是去除水或乳清后制成的，而酸奶在发酵过程中会保留牛奶中的乳清。做酸奶的第一步是加热牛奶，加热的温度很高，这有助于消灭牛奶中的有害细菌。

接下来，在牛奶中添加对人体有益的细菌，它们被称为"有益菌"。有两种特殊类型的有益菌，分别是保加利亚乳杆菌和嗜热链球菌。这些有益菌分解牛奶中的糖分时，就会形成乳酸，乳酸会使牛奶变酸并发酵，将其变成酸奶。

你可以在超市售卖的酸奶瓶身的标签上找到制作酸奶的有益菌名称。如果标签上写着"活菌"，则意味着酸奶中含有活的有益菌。这些细菌能帮助我们消化食物。

在世界各地都有人喝酸奶。"拉西"是一种稀薄的液态酸奶，通常与蜂蜜和水果（如杧果）混合。在印度很受欢迎，拉西尝起来像酸味奶昔。

趣味知识点

酸奶对我们的皮肤有好处！在脸上涂抹一些纯酸奶，可以防止皮肤干燥，甚至可以清除粉刺。

酸奶黄瓜是地中海地区的一种常见美食。这道菜是用过滤的酸奶与黄瓜、橄榄油、柠檬汁和莳萝混合制成的。它通常搭配肉或三明治，以及由鹰嘴豆、欧芹和薄荷制成的油炸面团。

自制酸奶

时间
25 分钟
24 小时的脱乳清时间

类别
食谱，实验

材料
玻璃容器
纯酸奶
奶酪布或咖啡过滤纸
细孔过滤器
中碗
4 升容量的易拉式储物袋
量匙

提　示

➡ 在网上查找印度酸奶沙拉酱或希腊酸奶黄瓜的食谱，然后用过滤后的酸奶制作这些美食吧。

把发酵牛奶中的乳清去掉！虽然严格来说，过滤酸奶不会将其转化为奶酪，而是"酸奶酱"。这种调味品在印度菜中很受欢迎，用于做沙拉和开胃菜。这种常见的南亚调味品含有洋葱、孜然、香菜、黄瓜或其他蔬菜和香料。

准备工作
剪下 2 块奶酪布，大小可以盖住过滤器。

说明
1. 在过滤器中铺上 2 块奶酪布或 1 张咖啡过滤纸。

2. 将过滤器放在一个中碗上，与碗底部留出空间。

3. 将酸奶倒入过滤器中。将过滤器、碗和酸奶放入一个大约 4 升容量的易拉式塑料袋中密封。在日记的观察表中写下你所看到的情况。

4. 将密封的塑料袋放入冰箱冷藏 24 小时，并记录你的观察结果。

课外活动日记

1. 填写观察表，记录酸奶 24 小时后的变化。你开始观察时看到了什么？之后还有哪些变化？

	之前	之后
质量	示例：180 毫升	
质感		
味道		

2. 从纯酸奶中滤出多少乳清？写下毫升数。

3. 用加糖酸奶重复上述步骤，你注意到有什么不同？

鸡蛋

你知道蛋黄的颜色会随着母鸡吃的食物不同而改变吗？这堂课将介绍鸡蛋内部结构以及鸡蛋在厨房中的多种用途和背后的科学知识。

小小鸡蛋也蕴含着大量的科学知识！鸡蛋可以孵化出小鸡，也可以在厨房里变成我们吃的食物；鸡蛋可以制成蛋糕和糕点，也可以变成沙拉酱。甚至它们的各个部分（蛋清和蛋黄）也具有独特的口味和烹饪用途。

接下来介绍鸡蛋的内部结构，了解它们如何变成厨房中的食物。

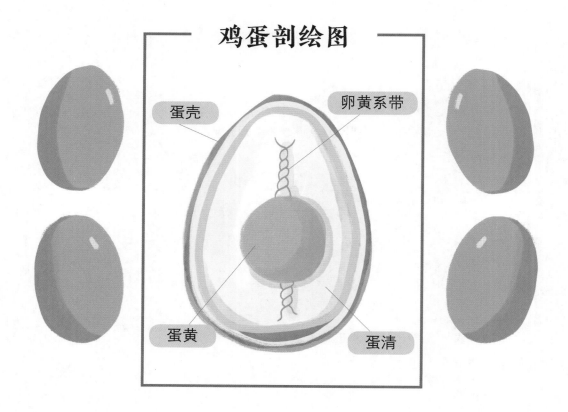

鸡蛋剖绘图

蛋壳　卵黄系带　蛋黄　蛋清

蛋壳：蛋壳是鸡蛋外部的壳，蛋壳可以防止细菌侵入鸡蛋内部。

蛋黄：这是鸡蛋中央的圆形橙色球，含有鸡蛋的大部分营养物质。蛋黄比蛋清质地浓稠，几乎含有鸡蛋的所有脂肪。蛋黄在烹饪中很受欢迎。

蛋清：蛋清主要由水和蛋白质组成。蛋清可以搅打成绵密的糊状，用来制作蛋糕等糕点。

卵黄系带：这是白色、丝状的组织带，附着在蛋黄上，并将其固定在蛋清中。

鸡蛋的蛋黄和蛋清中都含有大量蛋白质，蛋白质是人体细胞以及动物细胞的重要成分。蛋白质由氨基酸链构成，加热或搅打鸡蛋会使蛋白质的结构松弛并重组。

趣味知识点

打散的蛋清可以膨发到原体积的八倍！

鸡蛋还可以将各种配料结合在一起，例如肉丸中的肉和面包屑。将打散的鸡蛋（通常再加入一些水）制成蛋液，在烘焙前用刷子刷在糕点上，能使其表面发亮。

鸡蛋科学

时间
25 分钟

类别
食谱，实验

材料
2 个鸡蛋
水
冰块
便笺和记号笔
带盖小锅
计时器
大漏勺
3 个小碗
黄油刀

5 分钟　　　　　　　15 分钟

　　世界各地的常见美食，如科布沙拉和拉面汤，都会用煮熟的鸡蛋点缀其上。有时鸡蛋煮的时间久，蛋黄变成黄色的小球体。溏心蛋的蛋黄在水煮后仍然会流淌，因为煮的时间短。

　　在这堂课外活动课中，你将学习如何煮半熟鸡蛋（溏心蛋）和全熟鸡蛋，并了解两者的区别。

安全警示： 使用炉灶时，需征得成年人同意或者请成年人协助。

准备工作

　　1.在日记中的页面中间画一条分割线，在一侧标记"半熟"，另一侧标记"全熟"。

　　2.使用 2 张便笺为两类鸡蛋制作标签，将它们放在 2 个碗旁边。

提 示

➡ 剥半熟鸡蛋的时候要小心！如果戳破蛋清，蛋黄可能会流出。

说明

1. 小心地将 1 个鸡蛋放入锅中。

2. 将冷水倒入锅中，浸没整个鸡蛋。

3. 将计时器设置为 15 分钟，把锅放在炉灶上，将水烧开；然后把火调小。

4. 在小碗里装满冰块。

5. 计时器响起时，用漏勺将煮熟的鸡蛋放入冰碗中，静置 1 分钟。然后将鸡蛋移到标有"全熟"的碗中。

6. 重复步骤 1、2 和 3，将计时器设置为 5 分钟。

7. 计时器响起时，将第二个鸡蛋放入冰碗中，静置 1 分钟。然后将鸡蛋移到标有"半熟"的碗中。

8. 敲碎鸡蛋并剥壳。

9. 用黄油刀切开剥壳的鸡蛋，并观察蛋黄的形态。

结论

现在你了解了全熟蛋和半熟蛋之间的区别，明白了加热会改变鸡蛋的形态。你必须剥开煮熟的鸡蛋才能看到里面的变化。

课外活动日记

1. 写下全熟蛋和半熟蛋之间的区别。尝尝两种煮蛋，并描述味道。蛋黄的口感和颜色有什么不同？

2. 如果你把鸡蛋煮久一点儿，蛋黄会怎样？如果煮的时间较短，蛋黄又会怎样？

3. 蛋清又叫什么？

甜食

在自然界中发现的几种调味料一直被人们用来增加菜肴的甜味和改善口感，包括枫糖浆、蜂蜜、甘蔗和甜菜等。

糖在我们的食物中起着很重要的作用。例如第3章介绍的发酵食物，需要加糖。面团中加入一茶匙糖，可以促进酵母发酵。

只加一点儿糖，就能改善食物的口感。问题是，现代人的食物中加了过多的糖，这是损害我们身体健康的原因之一。专家指出，人们应严格限制摄入的糖分。

探索来自世界各地美食的同时，可以深入了解糖的作用。

蛋糕

人们发现如何用工具将谷物转化为面粉后，就开始尝试通过烘焙为谷物增添风味和质感。我们现在吃的蛋糕是一种膨松的、柔软的面食。本堂课将介绍蛋糕的基础知识以及世界各地的蛋糕发展史。蛋糕是经过改良变得更松软、更甜美的面包，酵母和鸡蛋是制作蛋糕的重要食材。19世纪初，小苏打被用作发酵剂。

蛋糕制作原料图

酵母

糖

鸡蛋

面粉

香料

黄油

很多人都喜欢吃蛋糕！在土耳其和希腊，人们爱吃粗面粉蛋糕。这是一种用粗面粉制成的、具有颗粒感的蛋糕。

在日本，用糯米粉制成的大福很受欢迎。大福的馅料多样，例如麻糬块小巧而耐嚼；草莓也是受欢迎的馅料之一，颜色粉嫩可爱；还有抹茶、芋泥等馅料可供选择。

由于蛋糕含有大量糖分和脂肪，将蛋糕作为甜品食用时，你会感到快乐，但为了身体健康，请适量食用。

巧克力

　　巧克力的主要原料是可可豆，可可豆是可可树的果实。人们想尽办法，将这种苦味的植物变成甜美的巧克力。这堂课将介绍巧克力的制作过程。

　　可可树原产于中美洲和南美洲，这些地方的居民——早期的阿兹特克人和玛雅人就食用可可豆，至今已有 2000 多年的历史。

　　可可树能长出大大的豆荚。豆荚里面有几十颗种子，也就是可可豆。豆荚是人们手工采收的，然后将其切开，取出种子和果肉，放在筛子中，上面盖上香蕉叶，在烈日下发酵。这个过程可使有益菌分解果肉中的糖分，可可豆的味道就会发生变化。约一周后，果肉已经发酵，然后将可可豆在烈日下晒干。

　　可可豆晒干储存后由巧克力原料工厂采买，开始进行加工。大致可依序分为烘焙、压碎、调配、研磨、精炼、去酸、回火铸型等步骤。可可豆经压碎后，豆子里的可可脂流出，呈稠浆状，多用于医疗、美容用途；剩下的可可豆

趣味知识点

早期的阿兹特克人在可可豆中加入了辣椒，以改变其口感！

再经辗制，就成了巧克力原料可可膏；经调配与研磨，巧克力才开始有了各种不同的口味。

　　很多人认为黑巧克力里面的可可含量是100%，其实并不是。当可可含量达到 35% 以上，这样的巧克力就可以叫作黑巧克力。

巧克力的形式

可可粉

可可条

可可豆

巧克力粒

传统巧克力热饮

杏仁

肉桂条

香草豆

热饮搅拌棒

巧克力热饮

时间
20 分钟

类别
食谱，实验

材料
2 杯水
3 汤匙巧克力片
1 茶匙现磨肉桂粉
1 汤匙可可粉
2 茶匙糖
小平底锅
4 个透明水杯
4 把勺子
遮蔽胶带或油漆胶带
记号笔
1 个液体量杯
砧板
食物切碎器或小刀

早期的阿兹特克人和玛雅人喜欢在热饮料中加入可可豆。如今，墨西哥瓦哈卡州仍然有各种庆祝活动，传承各种巧克力美食，你可以找到加入肉桂、辣椒、坚果和玉米粉的可可饮料。这种传统饮料是由一块固体巧克力溶化成液体制成的热饮。在这堂课外活动课中，你将学习亲手制作瓦哈卡巧克力热饮的方法。

> **安全警示：** 使用刀子和炉灶时，需征得成年人同意或者请成年人协助。

准备工作

1. 剪下 4 条胶带。在 4 条胶带上分别标记"微波炉加热""不加热""切碎""粉末"，并贴在 4 个水杯上。

2. 在日记中使用相同的标签并将页面划分为 4 列。

说明

1. 将 2 杯水煮沸，然后放在一边。

2. 将 1 汤匙巧克力片和 1/4 茶匙肉桂粉放入标有"微波炉加热"字样的水杯中。将水杯放入微波炉中加热 45 秒。拿出杯子后，加入 1/2 杯热水。记录你的观察结果。

3. 将 1 汤匙巧克力片和 1/4 茶匙肉桂粉放入标有"不加热"字样的水杯中。加入 1/2 杯热水并搅拌，用勺子搅拌均匀。记录你的观察结果。

4. 将 1 汤匙巧克力片放在砧板上，使用食物切碎器或小刀将巧克力片切成非常小的碎片。将它们放入标有"切碎"的水杯中，加入 1/4 茶匙肉桂粉，再加入 1/2 杯热水，用勺子搅拌均匀。记录你的观察结果。

5. 在标有"粉末"的水杯中，放入可可粉、糖和 1/4 茶匙肉桂粉。加入 1/2 杯热水，用勺子搅拌均匀。记录你的观察结果。

提 示

➡ 在不同的杯中加热水，要保证加入热水后每个水杯中水温相似。

➡ 在这个实验中使用热水，因为这样更容易观察到巧克力溶化。想要饮料有浓稠的口感，在巧克力溶解后可加入牛奶。

结论

热巧克力饮料喝起来很可口，制作过程也比较简单。巧克力块会因受热而变软，溶化在水中。当巧克力切碎后，更容易溶化。但巧克力不会完全溶解在水中，你会在一杯巧克力热饮的底部看到一些未溶解的巧克力沉淀物。

课外活动日记

1. 比较观察结果。哪个杯子中的巧克力溶解得最快最充分？为什么溶解速度存在差别？

2. 如果使用纯巧克力棒会怎样？你会如何准备巧克力热饮？

3. 许多瓦哈卡巧克力热饮含有辣椒、坚果或其他香料。当你在杯子中加入少许辣椒粉、黑胡椒粉或丁香时，会尝到何种不同的味道？

4. 加糖的巧克力热饮口感如何？

冰淇淋

　　这堂课将介绍冰淇淋的发展历史，还将介绍牛奶变成冰淇淋的科学原理，并带你详细了解这款在世界各地广受欢迎的甜品。

　　早期人们制作冰淇淋是非常困难的，因为缺乏冷冻技术。冰淇淋很可能起源于中国，早在1000多年前，封建王侯为了消暑，让仆人在冬天把冻好的冰贮存在地窖里，到了夏天再拿出来享用。唐朝末期，有了专门在夏天卖冰的商人，他们把糖加到冰里吸引顾客。到了宋代，市场上冷冻食品的花样多了起来。元代的商人在冰中加上果酱和牛奶，这种冷冻食品被认为是原始的冰淇淋。

　　幸运的是，现在制作冰淇淋方便多了，而且口味也变得非常丰富！

　　这款美食的传统配方使用牛奶、奶油和糖，现在还添加了蛋黄，使风味更浓郁；也可以加入香草或草莓调味剂等，使冰淇淋更美味。

　　制作冰淇淋时，将牛奶、奶油和糖等这些配料放在一个冰淇淋机的内层中，将外层装满

趣味知识点

吃一大口冰淇淋时，你可能会感到头痛，这是你的大脑在提醒你，身体损失了热量。这就是"大脑冻结"。可以把舌头抵住上腭或啜饮温水，停止这种神经信号。

冰和盐。由于原料中含有油脂和糖，凝结温度更低，所以这些原料盛在装有盐和冰的机器中时，不会结冰。如果不加盐，就无法制作冰淇淋。在后面的课外活动中，你将了解并运用这一科学原理。

因为外层的冰和内层的原料会发生热传递，进行热量交换。随着冰发生吸热反应，原料混合物会逐渐凝固。你可以这样理解这一过程：

当你将一堆雪团成雪球，手会变得又冷又湿，融化的雪带走了你手上的热量，你的手变得更冷了。

冰淇淋机剖绘图

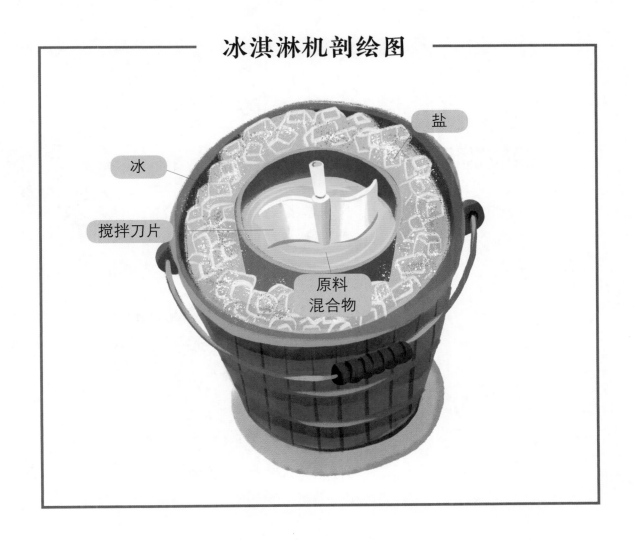

盐

冰

搅拌刀片

原料
混合物

快手冰淇淋

时间
25 分钟

类别
食谱，实验

材料
3/4 杯全脂牛奶
1/4 杯低脂奶油
1 汤匙糖
1/2 茶匙香草精
2 ~ 3 个草莓
8 杯冰
1/4 杯岩盐或粗盐
4 升容量的易拉式塑料袋
1 升容量的易拉式塑料袋
2 个中碗
小盘子
大孔磨碎器
量杯
量匙
洗碗巾
手套
剪刀

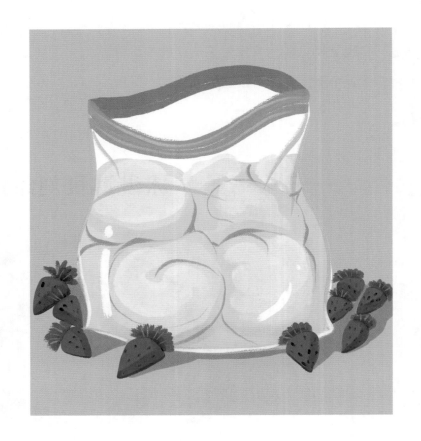

　　赶紧动手做意大利冰淇淋吧！这种冰淇淋称为 Gelato，不使用鸡蛋，使用的牛奶比奶油多。最棒的是，可以在厨房用塑料袋在 25 分钟内完成。

准备工作

　　1. 在日记的页面顶部写下"冰淇淋"。

　　2. 写下"味道""质感"和"配料"等词语，在每个词语旁边留一个空格。

说明

1. 打开一个 1 升容量的易拉式袋子，将顶部边缘翻过来，保持其打开状态。将袋子底部放在一个中碗中，以便向袋内装原料时保持稳定。

2. 称重全脂牛奶、低脂奶油、糖和香草精，并倒入袋子里，然后放在一边备用。

3. 把草莓洗干净，去掉草莓蒂。

4. 将磨碎器放在一个小盘子上，小心地磨碎草莓。

5. 将磨碎的草莓倒入装有牛奶混合物的小袋子中。

6. 将袋子中的空气排出，并紧紧密封。

7. 打开 4 升容量的易拉式袋子，将顶部边缘翻过来，保持其打开状态。

8. 大袋子装入冰和盐。

9. 将装有牛奶混合物的小袋子放入大冰袋中，将大袋子中的空气排出并密封。

10. 将洗碗巾平铺在料理台上，将大塑料袋平放在上面。

11. 戴上手套，晃动冰袋，反复翻转或摇晃 10 分钟。确保小袋子被冰盐混合物包围。

12. 10 分钟后，摸摸内部的小袋子，如果感觉很硬实，那就大功告成了！如果不是则继续摇晃，直到小袋子内的混合物变硬。

13. 在洗碗槽上方，打开大袋子并取出小袋子。用冷水快速冲洗小袋子表面。

14. 用剪刀剪掉小袋子一角，将冰淇淋挤入碗中。

15. 赶紧尝尝看！

结论

　　家庭制作的快手冰淇淋如此美味！在盐的帮助下，冰块从牛奶混合物内部吸收热量，使其快速凝结，形成冰淇淋。

课外活动日记

1. 描述冰淇淋的味道和质感。甜的，酸的，是不是有奶油质感？与你以前吃过的冰淇淋相比如何？

2. 你的冰淇淋有五种配料。看看杂货店冰淇淋的配料表，跟你用的配料进行比较。你知道配料表中所有名称的意思吗？列出你不懂的名称。

3. 尝试在不加盐的情况下再次制作冰淇淋，并观察会发生什么情况。

扫码获取

☑ 奇趣科学馆
☑ 爆炸实验室
☑ 知识测评栏
☑ 教育方法论

饮 料

冰箱、搅拌器和榨汁机等家用电器的发明使人们能够较长时间地保存食物并将其转化为新的食物。

现在，我们利用这些家用电器可以喝到水果冰沙和蔬菜汁。本章将介绍冰沙、果汁和苏打水的知识。

冰箱内部的温度低于外部温度，可以防止细菌滋生。

搅拌器和榨汁机可以用于加工冰箱中储存的新鲜蔬果，为人们提供各种美味的饮料。

饮料清爽可口，但有些饮料的糖分含量实在太高了，你要在保持健康的同时适量饮用饮料。

碳酸饮料

碳酸饮料是一种常见的饮料，你知道一瓶碳酸饮料含有 7 ~ 10 茶匙糖吗？不是所有美味的东西都对人体有益！这种饮料不仅对人类健康没有好处，还会带来严重危害。这堂课将介绍碳酸饮料的发展历史和对人体健康的影响。

碳酸饮料是将二氧化碳气体充入液体饮料中制成的。二氧化碳不能完全溶解在液体中，它以气体的形式存在于液体中，也就是你看到的气泡。

碳酸饮料有很多口味，如樱桃味、橙子味和葡萄味，但其中几乎不含真正的果汁或维生素，而且饮料含有大量的糖分！事实上，由于碳酸饮料的含糖量太高，美国医学协会早在 1942 年就建议人们少喝这种饮料。2004 年，一项研究认为含糖高的饮料会诱发糖尿病，北美现在有超过 20 万名儿童患有糖尿病。这些饮料会伤害人们的心脏，导致多种疾病，并损坏牙齿。

任何碳酸饮料，即使是所谓的"无糖"饮料，对你的健康也没有任何好处。当你想吃甜食时，最好还是吃新鲜的水果。

趣味知识点

第一种碳酸饮料是柠檬水，1676 年在巴黎很盛行。1819 年，美国发明了汽水机。1851 年，爱尔兰出现了姜味汽水。

碳酸饮料的危害

时间
10 分钟
24 小时浸泡时间

类别
实验

材料
1 罐苏打水
2 个鸡蛋
日记本和铅笔
2 个罐子
勺子
纸巾
牙刷和牙膏

人们喝太多碳酸饮料会导致蛀牙，因为碳酸饮料含有大量糖分和碳酸，这些物质都会腐蚀牙齿。

用碳酸饮料做实验，看看它对我们的牙齿有什么影响。牙齿表面由牙釉质覆盖，牙釉质是半透明、乳白色的组织。

本实验中将使用蛋壳，蛋壳含钙，类似我们的牙齿。

准备工作
将 2 个鸡蛋煮熟。

提 示

➡ 将鸡蛋放入罐子或玻璃杯中时，务必小心，不要使鸡蛋破裂。

说明

1.将2个煮熟的鸡蛋分别放入2个空的罐子或玻璃杯中。

2.打开一罐苏打水，倒入一个罐子里，浸没鸡蛋。向另一个罐子倒入水，浸没鸡蛋。

3.给2个罐子盖上盖子,等待24小时,记录你的观察结果。

4. 24小时后用勺子小心地将鸡蛋从罐子里舀出来，放在纸巾上。

5.用牙刷和牙膏刷蛋壳表面，就像刷牙一样。

6.刷完后，用自来水把鸡蛋冲洗干净。

7.将两个鸡蛋蛋壳敲碎并剥开，观察鸡蛋内部。

8.比较两个鸡蛋的形态。

结论

你的口腔中有细菌，喝碳酸饮料时，口腔中的细菌会将饮料中的糖分转化为酸。这些酸会腐蚀你的牙齿，久而久之就会导致蛀牙。过量饮用碳酸饮料会使人体骨折的风险增加3倍。

课外活动日记

1.鸡蛋壳代表人体的哪个部位?

2.鸡蛋浸泡在碳酸饮料中24小时后发生了什么？鸡蛋看起来如何，摸起来如何？你认为碳酸饮料对牙齿有什么影响？

3.用牙刷刷完碳酸饮料浸泡的鸡蛋后，说说它与浸泡在水中的鸡蛋有何不同。

果汁

果汁一直是受人们欢迎的饮料，例如苹果汁、葡萄汁、草莓汁。这堂课将介绍果汁的制作方法、发展历史及其对人体健康的影响。你还会发现，世界各地有各种不同种类的果汁。

果汁是以水果为原料，经过物理方法（如压榨、萃取等）得到的汁液产品。人们饮用果汁，可以追溯到公元前 150 年，原料是无花果和石榴。现在商店里最畅销的产品是由水果和蔬菜混合制成的果汁。

最简单的果汁制作方法是压榨或挤压。石头、研钵和研杵以及手可能是最早的榨汁工具。

19 世纪初，美国最早的果汁是葡萄汁和橙汁。

20 世纪 30 年代，第一台榨汁机问世。如今，在饮料店或者在家用榨汁机都可以做出美味的蔬菜汁和果汁。

现在世界各地有很多创意果汁。在印度，人们会用甘蔗汁配酸橙汁或姜汁。在菲律宾有一种浓稠饮料，由椰奶、椰子水和椰丝制成。美国夏威夷有一种果泥果汁，叫热带水果酸啤酒。在拉丁美洲有一种用水果、谷物和鲜花等调制的果汁，在西班牙语中意为"淡水"。

手动榨汁机

草莓汁

桃汁

商店里的许多果汁都添加了糖，过多的糖不仅没有任何营养价值，还会损害你的健康。即使是 100% 的果汁也缺少新鲜水果中的一种重要营养成分——纤维素，纤维素可以促进人体排出体内的废物，我们每天都需要摄入适量的纤维素。偶尔喝一点果汁（约半杯）是可以的，但每天吃新鲜水果对人们的健康是最有益的。

甜菜汁

趣味知识点

柠檬汁可用于清洁餐具，因为其中含有柠檬酸，可以去除污垢和异味。

菠菜汁

香蕉汁

木瓜汁

橘子汁

自制果汁

让我们试试制作新鲜的橘子汁吧！你将学会制作一种不含添加剂的健康饮品。在制作过程中，你可以使用手动压榨机或电动榨汁机。

> **安全警示：** 使用刀子时，需征得成年人同意或者请成年人协助。

时间
45 分钟

类别
食谱，实验

材料
3～4个中等大小的脐橙
5～6个橘子
1/2 杯商店买的果汁饮料
可书写胶带
钢笔
3个玻璃杯或干净饮水杯
砧板
小刀
洗碗巾（擦拭溢出物）

准备工作

1. 在3条胶带上分别写上"脐橙汁""橘子汁"和"果汁制品"。将3条胶带分别粘在3个杯子上，把杯子放在一边备用。

2. 在日记中的一页上画3条线，形成3列，示例参见下表。

3. 每列分别标记为"脐橙汁""橘子汁"和"果汁制品"。

4. 每行分别标记为"颜色""味道"和"配料"。

提 示

➡ 鲜榨橙汁可冷藏保存2～3天。
➡ 可使用手动压榨机或电动榨汁机加快榨汁速度。

	脐橙汁	橘子汁	果汁制品
颜色			
味道			
配料			

说明

1. 把脐橙和橘子洗干净备用。

2. 在水平的台面上，用手掌来回滚动脐橙。按压它们，释放其内部的汁液并软化表皮。

3. 用小刀将脐橙切成四等份，剔除所有籽粒。

4. 手动挤压一片脐橙，将果汁倒入标有"脐橙汁"的水杯中。

5. 对橘子重复步骤 2～4，将果汁倒入标有"橘子汁"的水杯中。

6. 将从商店买的果汁倒入贴有"果汁制品"标签的水杯中。

7. 将这三种果汁在室温下静置 10 分钟。观察会发生什么，并写下你的观察结果。

课外活动日记

1. 你用多少个脐橙做了半杯脐橙汁？

2. 3 杯果汁静置 10 分钟后发生了什么？哪种果汁出现了沉淀现象，哪种果汁没有？

3. 描述 3 种饮料的颜色和味道。

4. 将你制作的橙汁与从商店买的果汁制品进行配料比较。买的果汁使用了多少种配料？列出配料表中你不懂的名称。

结论

没有任何两种水果的味道是一样的，每种水果都有自己独特的风味。那么，果汁制品呢？它们的味道有什么不同？商店售卖的果汁在包装前会预先进行杀菌，这样就可以保存更长时间。许多果汁制品中添加了很多糖，额外的糖会改变果汁原有的味道，而且不利于身体健康。

水果冰沙

什么饮品既包含羽衣甘蓝也有香蕉？是水果冰沙！为了做出多种美味的食物，人们发明了越来越多的小型家用电器。这堂课将介绍一种小家电——搅拌器，以及搅拌器是如何制作冰沙的。

1922 年，美国威斯康星州拉辛市的一名工程师发明了搅拌器。当时，奶昔很受欢迎，奶昔是用一种叫"奶昔机"的机器制作的。搅拌器是用大功率刀片制成的，可以将水果、蔬菜和冰块等固体配料转化成液体，刀片的快速旋转也使奶油风味更加浓郁。

20 世纪 60 年代，在美国加利福尼亚，人们开始在海滩边售卖由草莓、橙子和冰混合而成的清爽饮料。

冰沙和奶昔的区别是冰沙不含冰淇淋，一般主要配料为水果。现在越来越多的人开始将多吃蔬菜视为健康的生活方式，"绿色冰沙"逐渐流行起来。人们将香蕉等甜水果和羽衣甘蓝、菠菜等蔬菜混合在一起，制成一种甜甜的健康冰沙，可代替正餐食用。

在摩洛哥，人们喜欢吃另一种绿色冰沙——鳄梨冰沙。摩洛哥人将鳄梨、牛奶、冰块和糖混合，制成色彩鲜艳的饮料。在非洲，猴面包树冰沙风靡一时。猴面包树果实像椰子一样带有硬壳，味道浓郁、微甜。人们将这种水果与椰子水、其他水果或蔬菜混合，制成早餐冰沙。在巴西，当地的巴西莓是一种可口的水果，是制作冰沙的首选配料。冰沙富含来自这些水果和蔬菜的维生素和矿物质。

如果你不是在家制作冰沙，而是在饮品店购买冰沙，冰沙会含有很多糖。商家会在冰沙中添加糖，使冰沙味道更甜、更顺口，与在奶茶中加糖一样。自己在家做冰沙时可以控制配料！

制作冰沙

时间
45 分钟

类别
实验，食谱

材料
1 根胡萝卜
3 大片羽衣甘蓝叶
3 个香蕉
1.5 个牛油果
1.5 杯原味酸奶
3/4 杯牛奶
小刀
磨碎机和削皮器
可书写胶带
叉子或捣碎器
2 个碗
研钵和研杵
搅拌器
抹刀
3 个玻璃杯或罐子

不用搅拌器能制作冰沙吗？几个世纪以来，人们一直在饮用果汁，在发明搅拌器之后还做了冰沙。通过本堂课外活动课，你可以学习将果蔬捣碎和制作果泥的诀窍，然后将手工制作的冰沙与使用搅拌器制作的冰沙进行比较。

安全警示：给果蔬削皮和使用搅拌器时，需征得成年人同意或者请成年人协助。

准备工作

1. 将胡萝卜和羽衣甘蓝冲洗干净，胡萝卜削皮并磨碎，香蕉去皮，牛油果用小刀切开去核。

2. 设置 3 个工位，将食材分成 3 份放在各工位上。每个工位应有 1 根香蕉、1/3 根磨碎的胡萝卜、1/2 个牛油果和 1 片羽衣甘蓝叶。

3. 使用胶带按以下文字标记每个工位："碗""研钵和研杵""搅拌器"。

说明

工位 1：

1. 将 1 份食材（1 根香蕉、1/3 根磨碎的胡萝卜、1/2 个牛油果和 1 片羽衣甘蓝叶）放入碗中。

2. 使用叉子或捣碎器尽可能地捣碎果蔬。捣碎成你想要的质感（块状或奶油状）。

3. 倒入 1/2 杯酸奶和 1/4 杯牛奶。

4. 将所有食材混合并搅拌 2 分钟。

工位 2：

1. 将 1 份食材放入研钵中。

2. 用杵在研钵中捣碎果蔬，直到形成糊状质感。

3. 用抹刀将混合物舀入碗中。

4. 倒入 1/2 杯酸奶和 1/4 杯牛奶。

5. 将所有食材混合并搅拌 2 分钟。

工位 3：

1. 将 1 份食材、1/2 杯酸奶和 1/4 杯牛奶放入搅拌器中。

2. 启动搅拌器 30 秒。

将每种冰沙倒入指定的玻璃杯或罐子中。尝尝每种冰沙，看看有什么不同。

结论

你刚刚尝试用三种方法制作冰沙，其中搅拌器在 30 秒内就能完成搅拌，而手动操作所需的时间最长。

课外活动日记

1. 不同方法做的冰沙在外观上有什么区别？

2. 3 种冰沙的质感有什么不同，哪种口感最好，哪种颗粒感最明显？

3. 味道有什么不同，有没有一种方法能让某一种配料散发出香味？

4. 你最喜欢哪种冰沙，为什么？

扫码获取

☑ 奇趣科学馆
☑ 爆炸实验室
☑ 知识测评栏
☑ 教育方法论

91

鸣谢

感谢食品知识中心团队为本书提供了大量课外活动方案和食谱。

感谢我的团队成员：海梅·威尔逊、伊芙琳·莫拉莱斯、萨曼莎·李赛通、麦尔·张和大卫·舒尔特。他们凭借创造力和工作热忱荣获了美国儿童图书类大奖。

我的母亲是一名图书管理员，感谢母亲培养我对阅读书籍的兴趣，并给予我无限信任。我的父亲是一名科普教师，感谢父亲在我小时候教会我各种科学知识。在我上小学的时候，我运用这些知识给同学们演示了最酷的"火山爆发"实验，这次经历点燃了我探索科学知识的好奇心。感谢同事们的大力支持。谨以此书献给我的宝藏丈夫布伦丹·贝尔比。

作者简介

安珀·斯托特是一位儿童科普作家，专研关于健康食品的选题，她的作品通俗易懂，生动有趣，能够从孩子的视角出发，将有趣的科普知识传递给孩子，她创作了十多本童书，在2017年获得"国际儿童读物联盟荣誉奖"（IBBY）提名。同时安珀与美国加州立法者合作通过了一项州决议，将每年9月定为"健康食品宣传月"，加州公共卫生部将她评为该州早期儿童健康干预方面的创新者之一。